AF500800

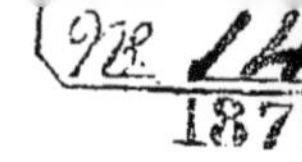

SECOURS A L'AGRICULTURE

DÉPARTEMENT DE LA SARTHE

COMITÉ DU MANS

DISTRIBUTION
GRATUITE
DE SEMENCES

Provenant de diverses Associations de bienfaisance

ET NOTAMMENT

DE LA SOCIÉTÉ ANGLAISE DITE DES AMIS

En faveur des cultivateurs nécessiteux éprouvés par la guerre.

LE MANS

TYPOGRAPHIE EDMOND MONNOYER, LIBRAIRE-ÉDITEUR

1872

NOMS DES MEMBRES

COMPOSANT LE COMITÉ DU MANS.

MM.

CH. TASSIN, Préfet de la Sarthe, *Président*.

A. MARTIN, Président	de la Société du Matériel agricole de la Sarthe,	*Vice-Président.*
De PONTON D'AMÉCOURT, Secrét.		*Secrétaire.*

BOISSEAU, Président BELLÉE, Secrétaire	de la Société d'Agriculture, Sciences et Arts de la Sarthe.
SURMONT, Président Ed. LE BÊLE, Secrétaire	de la Société d'Horticulture.
VÉREL, Président PERCHERON, Secrétaire	du Comice agricole du Mans.

SECOURS A L'AGRICULTURE.

DÉPARTEMENT DE LA SARTHE.

COMITÉ DU MANS

DISTRIBUTION GRATUITE DE SEMENCES

Provenant de diverses associations de bienfaisance

Et notamment de la SOCIÉTÉ ANGLAISE dite DES AMIS,

En faveur des cultivateurs nécessiteux éprouvés par la guerre.

COMPTE RENDU

Présenté par le Secrétaire du Comité de distribution dans la séance du 28 octobre 1871.

MESSIEURS,

Vous avez eu à distribuer gratuitement des secours considérables aux cultivateurs nécessiteux de ce département. Exposé.

Pour vous rendre un compte exact et complet de ce qui a été fait à cet égard, j'aurai à vous rappeler d'abord les circonstances qui ont précédé et celles qui ont amené la formation de votre Comité; puis à vous faire connaître la provenance et la quotité des secours dont nous avons disposé, ainsi que la manière dont ces secours ont été distribués.

Le Comice du Mans, mis en relation avec une Société anglaise dite la SOCIÉTÉ DES AMIS, s'était, dès le mois de mars dernier, occupé de dresser une liste des cultivateurs des cantons de l'arrondissement auxquels il pourrait être distribué du trèfle promis par cette Société anglaise.

A la même époque, le Comité de la Société du Matériel agricole de la Sarthe, justement préoccupé des souffrances de l'Agriculture et désirant y remédier tout au moins dans la mesure de ses ressources, malheureusement trop restreintes, avait voté dans ce but l'inscription à son budget d'une somme de 2,000 fr., dont 300 fr. devaient être offerts à titre de souscription à la grande Société des Agriculteurs de France, et dont le surplus, soit 1,700 fr., devait servir à acheter des semences qui seraient le plus tôt possible réparties entre quelques-uns des cultivateurs les plus nécessiteux des communes envahies par l'armée ennemie. A cet effet, une circulaire avait été adressée, à la date du 23 mars, à tous les maires du département, en les priant de transmettre, sans aucun retard, une liste des cultivateurs pouvant participer à cette distribution et classés par ordre de besoins. Les maires de 110 communes seulement répondirent à cette première circulaire et, bien que les demandes fussent généralement assez restreintes, le dépouillement de ces réponses faisait néanmoins ressortir un nombre de plus de 1,200 cultivateurs, réclamant des graines pour l'ensemencement de plus de 2,200 hectares ; une somme d'au moins 60,000 fr. eût été nécessaire pour donner satisfaction complète à ces demandes. Le Comité, ne disposant alors que de 1,700 fr., n'aurait pu attribuer à chacun des cultivateurs portés sur ces listes que deux à trois pour cent seulement de la quantité de semence réclamée ; les secours, répartis alors par portions infinitésimales, eussent été éparpillés sans grand profit, outre que la distribution en fût ainsi devenue à peu près impossible. Après beaucoup d'essais pour arriver à une solution satisfaisante, le Comité décida de limiter les secours au premier cultivateur inscrit sur chaque liste, en n'attribuant d'ailleurs que deux espèces de semences au plus et en réduisant en outre le chiffre de la demande, dans une certaine proportion. La répartition, faite d'après ces bases, permit ainsi de secourir 110 cultivateurs, en leur distribuant 55 hectolitres d'orge et 244 kilogrammes de trèfle, et si l'on admet que ces graines aient été employées à raison de 2 hectolitres d'orge à l'hectare et de 10 kilogrammes de trèfle, on aura pu ensemencer ainsi 50 hectares de terres.

Les choses en étaient là et le Comité de la Société du Matériel agricole regrettait de ne pouvoir donner suite aux autres demandes de secours dont elle avait les nombreuses listes dans ses cartons, lorsque son Président et son Secrétaire furent avisés par le Président et le Secrétaire du Comice du Mans des puissantes ressources et des bonnes dispositions d'une Société anglaise de secours, dite Société des Amis ; ils résolurent, en conséquence, de se rendre à une réunion générale qui devait avoir lieu à Tours, et à laquelle pouvaient prendre part toutes les personnes des départements envahis qui s'occupaient de rechercher les moyens les plus efficaces de venir en aide aux cultivateurs éprouvés par la guerre.

Réunion générale à Tours, provoquée par les Sociétés anglaises des Amis et de lord Vernon.

MM. Vérel, Percheron, Martin et d'Amécourt se rendirent donc à Tours, le 5 avril dernier ; ils se trouvèrent là en présence des principaux représentants de deux Sociétés anglaises de secours, celle de lord Vernon, qui s'était chargée de venir spécialement en aide aux cultivateurs des deux cantons de La Chartre et de Château-du-Loir, et celle des Amis qui avait déjà promis au Comice du Mans la moitié de la quantité de trèfle qui lui avait été demandée. Les tableaux trop bien remplis que nous étalâmes alors sous les yeux de MM. les Délégués de la Société des Amis, les totaux que nous laissâmes douloureusement résonner à leurs oreilles, leur démontrèrent mieux que les plus éloquents plaidoyers, combien étaient grands les besoins et les souffrances de nos malheureux cultivateurs. En échange d'un tableau résumé que nous remîmes à MM. les Délégués, ceux-ci nous promirent d'abondants secours et, hâtons-nous de le reconnaître, ils ont largement tenu leur promesse.

Formation du Comité de distribution dans la Sarthe.

Pendant ce temps, M. le Préfet était informé par M. le Ministre de l'Instruction publique que des graines pour semences avaient été recueillies par les soins d'Instituteurs de départements non envahis, et que le département de la Sarthe allait être compris dans la distribution de ces graines. M. le Préfet résolut aussitôt de confier le soin de cette distribution à une Commission spéciale dont il appela à faire partie, par une lettre en date du 5 avril :

MM. BOISSEAU, président, BELLÉE, secrétaire — de la Société d'Agriculture, Sciences et Arts de la Sarthe.

SURMONT, président, Edmond LE BÈLE, secrétaire — de la Société d'horticulture.

VÉREL, président, PERCHERON, secrétaire — du Comice agricole du Mans.

A. MARTIN, président, DE PONTON D'AMÉCOURT, secrét. — de la Société du Matériel agricole de la Sarthe.

Dès le 7 avril, Messieurs, vous vous réunissiez pour la première fois, sous la présidence de M. le Préfet qui, avec cet esprit pratique et sagement décentralisateur que nous nous plaisons à lui reconnaître, confiait à votre sollicitude éclairée et à votre connaissance des besoins de nos cultivateurs, le soin de répartir de la manière la plus équitable les secours qui lui étaient annoncés. De leur côté, les membres du Comice du Mans et de la Société du Matériel agricole, qui venaient justement d'assister l'avant-veille à la réunion de Tours, s'empressaient de vous exposer les promesses qu'ils avaient été assez heureux d'y obtenir, et dans un accord unanime, inspiré par votre amour commun du bien public, vous décidiez de réunir, comme en une sorte de masse commune, tous les secours qui pourraient vous arriver de divers côtés, afin de les répartir plus équitablement entre les cultivateurs nécessiteux du département, et d'éviter les doubles emplois. Une seule exception était nécessairement faite pour la graine de trèfle, déjà expédiée par la Société des Amis et dont la quantité, correspondant justement à une liste nominative antérieurement soumise à cette Société par le Comice du Mans, avait déjà une attribution déterminée.

Mesures préparatoires pour effectuer les distributions.

Pour effectuer la répartition des secours sur lesquels vous pouviez ainsi compter de la part de diverses associations de bienfaisance et notamment de la Société anglaise dite des Amis, vous aviez les nombreux états dressés par les soins du Comice du Mans et de la Société du Matériel agricole. Tous les Maires du département ayant en effet reçu des circulaires, vous deviez à bon droit supposer que tous les besoins, les plus pressants du moins, vous avaient été signalés. Néanmoins, dans le désir d'écarter toute chance d'erreurs et d'omissions, vous avez fait insérer dans les journaux du département une note destinée à appeler de nouveau, sur ces distributions de secours, l'attention de MM. les Maires et celle des cultivateurs nécessiteux dont les noms auraient pu être oubliés sur les premières listes, ou qui croiraient avoir quelques motifs de prendre part à ces distributions. Vous accordiez jusqu'au 15 avril pour la production de ces listes supplémentaires.

Une nouvelle note plus spéciale aux graines potagères était encore insérée dans les journaux quelques jours plus tard, et fixait au 30 avril suivant le délai de production des demandes. Je m'empresse d'ajouter que nous n'avons jamais refusé d'accueillir, sauf à y faire droit dans la mesure des ressources alors disponibles, aucune des demandes adressées, quelque tardivement qu'elles nous soient parvenues, et malheureusement, il faut le dire, les délais prétendus de rigueur étaient bien souvent et bien longuement dépassés.

Distribution des semences.

La distribution des semences commença le 18 avril. Cette date était peut-être un peu tardive, mais les arrivages n'avaient pas permis de le faire plus tôt. Les douloureux événements dont notre pays et le département de la Sarthe en particulier venaient d'être le théâtre, avaient apporté une telle perturbation dans toutes les relations commerciales et dans les moyens de transport, que la Société anglaise n'avait pu acheter ou expédier, ni les Compagnies de chemins de fer nous livrer plus tôt les quantités considérables de semences qui nous étai nt destinées. Et cependant la Compagnie de l'Ouest a déployé dans cette circonstance, nous devons le reconnaître, une bonne volonté et une activité dont nous ne saurions trop la remercier dans la personne de ses chefs et de ses agents de divers grades. Environ soixante wagons remplis de pommes de terre, et sept mille sacs ou caisses remplis de semences diverses représentant un poids total d'environ 670,000 kilogrammes, nous ont été livrés à la gare du Mans, avec une ponctualité vraiment bien précieuse pour l'œuvre dont nous étions chargés. Nous avons d'ailleurs trouvé à cette gare toutes les facilités et les tolérances désirables pour décharger nos sacs de graines ou de pommes de terre et y effectuer sous les halles même une certaine partie de nos distributions. Nous devons également, à l'occasion de ces transports, de sincères remercîments à M. le Ministre de l'Agriculture, qui a bien voulu en mettre tous les frais, soit une dizaine de mille francs, à la charge de l'Etat, ce qui a permis d'augmenter d'autant la quotité des secours.

Les premières distributions furent faites au moyen de bons individuels adressés, par l'intermédiaire de MM. les Maires, à tous les cultivateurs dont ces magistrats nous avaient préalablement fourni les noms, comme rentrant dans la catégorie de ceux qui pouvaient prendre part aux secours proposés. Vous n'aviez, en effet, Messieurs, aucun moyen sûr et rapide de contrôler les listes qui vous avaient été adressées et dont l'exactitude nous était d'ailleurs à juste titre, ce semble, garantie par le soin et l'intelligente connaissance des besoins locaux que MM. les Maires avaient dû mettre à dresser ces listes.

Cette distribution individuelle a porté sur environ :

Pommes de terre.	425,000	kilogrammes ;
Orge	74,000	—
Avoine	97,000	—
Trèfle.	3,000	—

Cultivateurs secourus, près de 3,200.

Les secours dont nous devions disposer ne se bornaient pas à ces seules quantités. D'autres semences, vesces, maïs, sarrasin, moutarde, choux, pois, haricots, etc., nous arrivaient encore ou nous étaient annoncés. De nouvelles circulaires furent donc adressées à MM. les Maires, et des avis furent insérés dans les journaux, pour mettre la Commission à même de connaître tous les besoins à satisfaire ; et malgré le délai fixé au 15 mai pour les réponses, toutes furent accueillies cette fois encore, et il en arriva avec plus d'un mois de retard, ce qui prouve, pour le dire en passant, que l'exactitude et la ponctualité ne sont pas encore bien entrées dans nos mœurs, même quand il s'agit de recevoir des dons gratuits.

Pour cette seconde période de notre distribution, nous avons renoncé au système des bons individuels dont l'expérience précédente nous avait révélé, à côté de quelques avantages, de réels inconvénients, comme d'exiger des soins très-minutieux et beaucoup de temps, et notamment de faire, bien à tort cependant, retomber sur nous la responsabilité de la composition des listes de cultivateurs secourus. Si, en effet, nous n'avions point pour but, en accomplissant la tâche dont nous étions chargés, de rechercher à un point de vue personnel les remercîments des cultivateurs reconnaissants, nous ne tenions pas non plus à recevoir les reproches de ceux qui se croyaient lésés dans leurs intérêts ; or ceux-ci, oubliant facilement ou ignorant peut-être que nous n'avions fait que nous conformer aux états qui nous avaient été fournis, et que nous n'avions aucune raison de modifier, s'en prenaient volontiers à nous, qui leur avions adressé leurs bons individuels et qui leur mesurions leur part, du tort dont ils prétendaient avoir à se plaindre.

Nous avons donc adressé à MM. les Maires, au lieu de bons individuels, des bons collectifs dont le total était proportionnel à la somme des demandes qu'ils nous avaient transmises ; proportionnel, disons-nous, parce que le total des semences dont nous disposions encore, quelque abondantes qu'elles fussent, était néanmoins bien loin d'égaler le total des quantités demandées. Nous avons donc, autant que possible, partagé les communes qui nous avaient adressé des demandes en trois catégories, suivant qu'elles avaient été plus ou moins éprouvées par la guerre, puis nous avons attribué à chaque commune une quantité de graines à peu près proportionnelle au nombre des habitants et au numéro de la catégorie.

En même temps que ces bons collectifs par commune, nous adressions à MM. les Maires des tableaux convenablement disposés que nous les invitions à nous renvoyer, après y avoir inscrit les noms des cultivateurs auxquels ils auraient distribué les semences et les quantités des semences qu'ils auraient attribuées à chacun desdits cultivateurs. Nous nous assurions ainsi, Messieurs, un moyen d'apprécier la manière dont les distributions étaient faites dans les communes, et de connaître le nombre exact des destinataires.

Cette seconde partie de nos distributions, ainsi faite au moyen de bons collectifs, a porté sur environ :

Sarrasin	35,000	kilogrammes ;	
Vesces	7,000	—	
Maïs	5,000	—	
Haricots	11,000	—	
Pois	3,000	—	
Fèves.	1,600	—	
Moutarde.	1,100	—	
Ray-grass	1,000	—	
Graines diverses . .	2,000	—	
Cultivateurs secourus.			4,000

Les distributions faites aux cultivateurs de la commune du Mans, l'ont toujours été d'une manière individuelle; tout autre mode eût été impossible.

Les destinataires, pour l'une et l'autre distribution, ont en totalité atteint le chiffre d'environ 500 et ont reçu en nombres ronds :

Pommes de terre. . .	38.000	kilogrammes ;
Orge	3,000	—
Avoine	2,600	—
Sarrasin	3,300	—
Vesces	1,700	—
Maïs	1,200	—
Haricots, pois et fèves	2,200	—
Graines diverses. . .	1,400	—

Les communes des cantons de La Chartre et de Château-du-Loir qui, en vertu de la convention faite avec la Société anglaise de lord Vernon, n'avaient pas dû participer à la première distribution des semences qui provenaient exclusivement de la Société anglaise des Amis, ont pu prendre part à la seconde distribution qui comprenait des semences de provenances diverses, mais pour une très-faible part néanmoins et en raison même de la très-faible quantité relative de graines d'une provenance autre que l'Angleterre.

Le tableau résumé que j'ai l'honneur de mettre sous vos yeux fait connaître la provenance des secours mis si généreusement à notre disposition et l'ensemble de la répartition qui en a été faite dans le département.

En l'examinant, vous voyez de suite que si la plus grande partie des secours que nous avons eus à partager nous ont été adressés par la Société anglaise dite des Amis, d'autres secours fort précieux encore, non-seulement par leur quantité, mais surtout par la façon touchante dont ils ont été le plus généralement recueillis, nous sont venus d'Instituteurs de départements non envahis, qui avaient, pour cette œuvre éminemment bienfaisante, mis en campagne leurs jeunes élèves. Les secours de ce genre attribués à notre département nous sont arrivés des départements des Côtes-du-Nord, de la Mayenne, d'Ille-et-Vilaine, de la Loire-Inférieure, de Tarn-et-Garonne, des Landes. Il faut encore y ajouter un envoi de la Société d'horticulture de Cherbourg.

Aux Anglais dont les abondantes et riches souscriptions ont permis l'envoi de secours aussi importants, aux enfants des écoles qui, sous l'heureuse inspiration de leurs maîtres, ont pu, par petites quantités et à grand'peine peut-être, recueillir dans leurs familles, souvent peu fortunées elles-mêmes, ces dons plus modestes à leur source, mais qui par leur réunion ont atteint une véritable importance, à tous nos bienfaiteurs nous disons merci ! Ce cri de reconnaissance de nos cultivateurs, dont nous nous faisons si volontiers l'écho, n'arrivera pas sans doute à tous ceux qui nous ont secourus, mais ils auront déjà trouvé, dans leur propre conscience et dans la satisfaction d'un bienfait prodigué , une récompense plus précieuse que tous nos remercîments.

Indépendamment des secours que nous avons ainsi reçus, nous avons pu acheter directement quelques graines avec le produit de la vente des sacs dans lesquels les semences nous avaient été expédiées. Ces sacs étaient au nombre de plus de 6,000 et ont été vendus à des prix variables de 50 c. à 1 fr. l'un. Une partie du produit, soit 2,300 fr., a dû être rétrocédée à la Société anglaise, pour couvrir quelques achats de semences comprises dans les envois mentionnés au cours de ce compte rendu. Le reste nous a été abandonné pour couvrir les frais de camionnage, de surveillance, de distribution, d'imprimés, de circulaires, etc. Mais nous avons pu, en réduisant tous ces frais autant que possible (ils n'ont guère dépassé un millier de francs), consacrer encore une somme assez importante, soit environ 2,000 fr., en achat de semences. Nous avons dû vendre également quelques graines avariées ou reçues trop tardivement pour être utilement employées, et l'argent en a été de même consacré à l'achat d'autres semences immédiatement utilisables.

En résumé, nous avons distribué, en nombres ronds :

Résumé général des distributions faites.

Pommes de terre....	425,000	kilogrammes;
Orge.............	74,000	—
Avoine............	97,000	—
Trèfle............	3,000	—
Sarrasin..........	35,000	—
Vesces...........	7,000	—
Maïs.............	5,000	—
Haricots..........	11,000	—
Pois.............	3,000	—
Fèves............	1,600	—
Moutarde.........	1,100	—
Ray-grass.........	1,000	—
Graines diverses....	2,000	—

soit plus de 665,000 kilogrammes de semences.

Évaluation totale des semences distribuées, surface ensemencée et nombre de cultivateurs secourus.

L'évaluation de ces différentes espèces de semences, au cours moyen du milieu d'avril, fait ressortir une valeur totale d'environ 142,000 fr. Il aura été possible, d'ailleurs, d'ensemencer ainsi une surface totale de plus de 3,250 hectares ; enfin, près de 7,300 cultivateurs ont pris part aux différentes distributions.

Presque tous ces cultivateurs ont reçu les semences à titre entièrement gratuit ; moins de 10 seulement les ont reçues à titre de prêt. Nous n'avons pu malheureusement, par suite du nombre considérable de demandes à titre gratuit qui nous avaient été adressées par les Maires, donner plus d'extension à ces prêts dont l'idée, fort ingénieuse, mériterait d'être mieux connue et plus souvent appliquée. Dans ce système, le cultivateur reçoit la semence sans bourse délier, mais il est seulement tenu d'en rendre une égale quantité qu'il prélèvera sur sa récolte et dont la vente sera de nouveau utilisée au profit de la commune. Il peut d'ailleurs être accordé dispense de restitution, si la récolte est nulle ou insuffisante.

Distribution de vêtements, de couvertures, etc.

Outre les semences, la Société des Amis nous avait encore envoyé une douzaine de caisses, renfermant des vêtements de toute espèce, des souliers et des couvertures, et enfin quelques paquets de pelles et une douzaine de charrues. Ces derniers objets ont été déposés sous les hangars de la Société du Matériel agricole, pour être distribués suivant les circonstances.

Les vêtements et les couvertures demandaient des soins d'entretien tout particuliers ; jusqu'au moment de la distribution, l'un de vous, Messieurs, M. Vérel, a bien voulu s'en charger, comme il l'avait déjà fait pour les sacs, et utiliser à cet effet ses belles étables de l'Angevinière, malheureusement dévastées par le typhus, mais qu'il avait préalablement fait blanchir à la chaux et désinfecter. C'est là que la distribution en a été faite aux cultivateurs appelés à y prendre part. Il était impossible de comprendre tout le département dans cette distribution spéciale et vous avez décidé, conformément aux intentions des donateurs, de la limiter à la portion rurale de la commune du Mans, et à quelques communes voisines ayant particulièrement souffert de la guerre. Les couvertures ont d'ailleurs été, en général, spécialement destinées à remplacer celles qui avaient été volées par les Prussiens. Outre celles que nous avions reçues des Anglais, nous avons pu encore en acheter 178, au moyen d'une somme de 2,000 fr., généreusement mise à la disposition de l'un de vous, M. A. Martin, par une Société de bienfaisance de Bayonne (Basses-Pyrénées), dite Société des dix centimes par semaine (1). Ces cou-

(1) Les ressources de cette Société provenaient de cotisations fixées à 10 centimes par semaine. Les quêtes, commencées à la fin de décembre 1870, avaient produit 11,300 fr. au bout de trois mois. Ce résultat qui dépasse toutes les espérances, lit-on dans un compte rendu de cette Société, est dû au dévouement infatigable des dames quêteuses et à l'esprit de charité qui anime toutes les classes de la population de Bayonne. Il répond victorieusement à la crainte que quelques personnes avaient conçue dans le principe au sujet de l'insignifiance des ressources que

vertures nous ont été libéralement vendues au prix de fabrique par la maison Daudier et fils d'Orléans, qui a bien voulu participer de la sorte à cette œuvre de bienfaisance et qui a droit ainsi à une part des remercîments que nous adressons à la Société de Bayonne. Douze cents personnes environ ont pris part à cette distribution de vêtements et de couvertures.

Nous avions un moment espéré que la Société des Amis nous donnerait quelques bestiaux et notamment des vaches laitières. Malheureusement, malgré les démarches actives que l'un de nous, M. Percheron, a bien voulu faire avec le même zèle qu'il avait mis auparavant à surveiller la distribution des semences, notre département n'a pu être compris dans cette dernière répartition, d'ailleurs extrêmement limitée, croyons-nous. Nos regrets à cet égard ne doivent donc pas être trop amers.

Si notre tâche, Messieurs, n'a pas été sans quelques difficultés, nous en avons été largement récompensés par le sentiment du devoir accompli et par la pensée du bien que ces abondantes distributions ont produit dans notre département si cruellement éprouvé. Quant aux nombreux témoignages verbaux ou écrits de reconnaissance des communes ou des cultivateurs secourus, nous les avons déjà reportés, comme nous devions le faire, à ceux qui nous ont si généreusement envoyé les secours dont nous n'avons été que les fidèles distributeurs. Qu'il nous soit permis néanmoins de vous donner ici lecture de la décision, en date du 3 juin dernier, du Comité

devait produire une cotisation de 10 centimes. Un tableau des cotisations recueillies dans chaque rue a permis de constater l'accueil sympathique que les quêteuses ont rencontré dans les maisons et les quartiers les plus pauvres. L'ouvrier, qui comprend d'autant mieux le malheur des autres qu'il est lui-même plus près de la misère, et qui ne peut prendre part aux grosses souscriptions, a été heureux de s'associer à une œuvre qui se mettait à sa portée, et de donner à ses compatriotes malheureux une preuve de fraternelle sympathie.

exécutif de la Société des Amis, à Londres, et signée de son président M. P. Gates Darton.

Décision du Comité exécutif de la Société des Amis, à Londres.

« Le Comité exécutif de la Société des Amis, réuni « ce jour à Londres, a unanimement adopté la décision « suivante :

« Ce Comité approuve cordialement le rapport de leur « Délégation à Tours, relatif à la promptitude, à la vigilance « et aux efforts persévérants qui ont marqué les opérations « des Comités français, dont l'aide a été si efficace, en répan- « dant des secours aux départements éprouvés par la guerre. « Sans attendre les rapports que ces Comités ont promis de « rendre aussitôt leur travail terminé, le Comité de Londres « veut témoigner sa haute appréciation de la manière dont « leurs collaborateurs français ont rempli la tâche délicate « èt difficile, et de la grande responsabilité qui leur a été « confiée.

« Ce Comité se sent assuré que les Comités français ont « joint à l'inspiration de leurs sentiments bienveillants une « forte conviction de devoir et de patriotisme pour avoir « affronté les difficultés d'une telle entreprise et pour avoir « accompli avec tant de succès une œuvre si minutieuse dans « ses ramifications et en même temps d'une si grande éten- « due. »

En terminant ce compte rendu, il convient d'insister de nouveau sur la précaution que nous avons toujours cru devoir adopter, de ne jamais prendre d'autre base de nos distributions que les listes dressées par MM. les Maires. Nous devions, en effet, supposer que ces magistrats étaient mieux placés que personne pour apprécier les besoins des cultivateurs de leurs communes, et qu'en nous en rapportant à eux du soin d'établir ces listes, soit avant la distribution des bons individuels, soit après l'envoi des bons collectifs, nous aurions la certitude que nos secours arriveraient aux plus nécessiteux et aux plus méritants. Nous aimons à croire qu'il en a toujours été ainsi ;

mais si, contre toute attente, des exceptions regrettables s'étaient produites, nous aurions du moins le droit de décliner à cet égard toute responsabilité.

Le Secrétaire,

DE PONTON D'AMÉCOURT.

Le Comité de distribution, dans sa séance du 28 octobre 1871, après avoir entendu la lecture du compte rendu qui précède, en a approuvé la teneur et en a décidé l'impression, afin de pouvoir en adresser des exemplaires à la Société anglaise des Amis et aux autres Sociétés de bienfaisance qui y sont mentionnées, et leur témoigner ainsi de nouveau l'expression de sa vive gratitude.

Pour le Comité :

Le Vice-Président,

A. MARTIN.

La lettre suivante a été adressée

A Messieurs A. Albright, James Long,
W. Sturger, S.-J. Copper,

délégués de la SOCIÉTÉ  ANGLAISE DES AMIS,
pour venir en aide aux cultivateurs français
victimes de la guerre.

« *Le Mans, le* 8 *juillet* 1871.

« Messieurs,

« La guerre et tous les fléaux qui la suivent avaient amené dans nos contrées la désolation et la ruine. Vous avez quitté votre pays pour venir parmi nous vous rendre compte de nos maux. Apôtres du principe chrétien de la fraternité universelle, vous avez saisi l'occasion d'en montrer la bienfaisante vertu aux victimes des haines impies qui divisent les peuples, et vous nous avez remis, pour être distribués aux malheureux cultivateurs de nos campagnes dévastées, des secours de toute nature en quantité proportionnée à leurs immenses besoins.

« Ces distributions viennent d'être achevées; de grandes misères ont été soulagées. Les habitants du département de la Sarthe, si généreusement secourus par vous, vous expriment, par notre intermédiaire, et vous prient d'exprimer à la *Société des Amis* leur profonde reconnaissance.

« Les sentiments qu'ils éprouvent sont partagés par notre pays tout entier. La France n'oubliera pas que votre Société et, à son exemple, d'autres associations d'Angleterre nous ont tendu, dans nos malheurs, une main fraternelle. Elle gardera religieusement, croyez-le bien, ce précieux souvenir qui contribuera à resserrer l'alliance féconde de nos deux nations, et leur exemple, se propageant chez les autres peuples, répandra peu à peu partout, nous voulons l'espérer, l'horreur de la guerre et l'amour de la paix.

« Les Membres du Comité de distribution du Mans. »

(*Suivent les signatures.*)

Le Mans. — Typ. Ed. Monnoyer. — Janv. 1872.

Tableau Récapitulatif de la Distribution Gratuite de Semences

NOMBRES SE RAPPORTANT A TOUT LE DÉPARTEMENT

33 cantons. — 386 communes. — 620.879 hectares. — 463.619 habitants

NOMBRES SE RAPPORTANT AUX SEULES COMMUNES SECOURUES

32 cantons. — 246 communes. — 377.295 hectares. — 294.524 habitants.

NOMS des ARRONDISSEMENTS	SUPERFICIE En hectares — Totale	SUPERFICIE En hectares — Terres labour.	NOMBRE des Habitants	ÉVALUATION en francs des dommages causés par l'occupation allemande	NOMBRE des donataires	Avoine	Fèves	Haricots	Maïs	Moutarde	Orge	Pois	Pommes de terre	Sarrasin	Trèfle	Vesces	Graines diverses	VALEUR approximative en francs des semences au 15 avril 1871	SUPERFICIE approximative qu'il a été [illegible]
LE MANS	160.447	102 659	152.122	11.151.000	4.453	56.845	1.014	6.666	3.486	748	34.078	2.187	262.890	20.850	2.612	4.439	2.171	87 354	2.07
MAMERS	114.427	76.701	86.428	3.482.300	1.813	24.124	404	2.845	881	285	23.659	588	196.300	9.313	132	1.509	489	38.469	81
LA FLÈCHE	42.816	26.784	23.518	381.300	273	1.675	86	553	176	51	1.735	113	11.600	1.868	3	302	38	3.840	9
SAINT-CALAIS	59.605	13.375	32.456	1.693.000	687	10.069	170	1.020	375	114	6.813	257	25.500	3.467	61	589	400	12.712	29
TOTAL des SEMENCES distribuées à titre gratuit					7.226	92.713	1.674	11.084	4 918	1.198	66.885	3.145	416.290	35.498	2.808	6.839	3.107	»	»
TOTAL des SEMENCES distribuées à titre de prêt					6	157	»	2	»	3	»	»	2.290	»	»	120	2	»	»
TOTAUX (a)	377.295	249.519	294.524	16.707.600	7.232	92.870	1.674	11.086	4.918	1.201	66.885	3.145	418.580	35.498	2.808	6.959	3.109	142.375	3.27
TOTAL des SEMENCES reçues de la SOCIÉTÉ ANGLAISE dite DES AMIS						99.440	800	8.981	2.290	1.000	73.750	900	421.950	6.500	5.513	5.100	200		
TOTAL des SEMENCES reçues de diverses autres associations de bienfaisance (Instituteurs, etc.)						336	801	1.154	2.410	102	1.662	2.200	3.735	1.589	528	90	3.241		
TOTAL des semences vendues par la Commission						2.750	»	»	»	»	1.869	»	»	»	3.013	»	391		
TOTAL des semences achetées par la Commission						»	»	»	»	»	»	»	»	25.470	»	960	»		
TOTAL des semences que la Commission a eu à distribuer (b)						97.026	1.601	10.135	4.700	1.102	73.543	3.100	425.685	33.559	3.028	6.150	3.050		

OBSERVATIONS

I

Toutes les semences ayant été distribuées, les totaux (a) et (b) devraient être égaux. Les différences qu'on y remarque tantôt dans un sens, tantôt dans un autre, s'expliquent par les principales causes suivantes :

1° Toutes les semences ont été distribuées en poids, quoiqu'une certaine quantité eût été d'abord évaluée en hectolitres sur les lettres d'envoi au Comité ou sur les bons de distribution aux cultivateurs ; les transformations faites d'après certaines hypothèses de poids moyen à l'hectolitre n'ont pas dû être rigoureusement exactes ;

2° Les premières distributions ont été faites à chaque donataire individuellement ; par suite du grand nombre de cultivateurs à servir et de la rapidité des pesées qui en était alors la conséquence, les quantités livrées ont pu et dû différer des quantités portées sur les bons ;

3° La plupart des sacs de graine, comptés et reçus pour 100 kilog., ne pesaient plus guère en réalité, au moment de la livraison, que 95 kilog. ;

4° La livraison des pommes de terre s'est presque entièrement faite individuellement et dans des conditions telles que le donataire a toujours dû recevoir largement et au delà de la valeur portée sur son bon.

II

Les semences ont été évaluées d'après les prix suivants établis par kilogramme :

Ajonc (*)	3 f.	50	Maïs	» f.	34	Pommes de terre	» f.	10
Avoine	»	45	Millet (*)	»	60	Ray-Grass (*)	4	»
Carottes (*)	2	»	Moutarde	1	»	Sainfoin (*)	»	75
Choux (*)	6	»	Navets (*)	2	50	Sarrasin	»	22
Fèves	»	50	Orge	»	32	Trèfle	2	50
Haricots	»	90	Panais (*)	2	»	Vesces	»	35
Luzerne (*)	2	50	Pois	»	36	Graines divers. (*)	2	»

III

La superficie ensemencée a été évaluée en admettant les quantités de semence suivantes à l'hectare :

Ajonc (*)	12 k.	Maïs	100 k.	Pommes de terre	1000 k.
Avoine	100	Millet (*)	25	Ray-Grass (*)	20
Carottes (*)	5	Moutarde	12	Sainfoin (*)	120
Choux (*)	4	Navets (*)	3	Sarrasin	62
Fèves	225	Orge	124	Trèfle	10
Haricots	160	Panais (*)	5	Vesces	200
Luzerne (*)	42	Pois	160	Graines divers. (*)	10

(*) Ces semences, dont il n'a été reçu que des quantités moins considérables, n'ont pas été présentées à part dans le tableau sommaire ci-contre, mais groupées dans une seule colonne sous le titre de *Graines diverses*.

Le Mans. — Typ. Ed. Monnoyer. — Janv. 1872.

www.ingramcontent.com/pod-product-compliance
Ingram Content Group UK Ltd.
Pitfield, Milton Keynes, MK11 3LW, UK
UKHW012132240726
13965UKWH00005B/2137

9 782013 240758